BEI GRIN MACHT SICH IHR
WISSEN BEZAHLT

Bibliografische Information der Deutschen Nationalbibliothek:

Die Deutsche Bibliothek verzeichnet diese Publikation in der Deutschen National-
bibliografie; detaillierte bibliografische Daten sind im Internet über http://dnb.d-
nb.de/ abrufbar.

Impressum:

Copyright © 2008 GRIN Verlag, Open Publishing GmbH
Druck und Bindung: Books on Demand GmbH, Norderstedt Germany
ISBN: 978-3-668-10999-5

Dieses Buch bei GRIN:

http://www.grin.com/de/e-book/188372/enigma-mechanische-und-mathematische-
funktionsweise-der-bekanntesten-verschluesselungsmaschine

Johannes Held

Enigma. Mechanische und mathematische Funktionsweise der bekanntesten Verschlüsselungsmaschine des 2. Weltkrieges

GRIN Verlag

GRIN - Your knowledge has value

Der GRIN Verlag publiziert seit 1998 wissenschaftliche Arbeiten von Studenten, Hochschullehrern und anderen Akademikern als eBook und gedrucktes Buch. Die Verlagswebsite www.grin.com ist die ideale Plattform zur Veröffentlichung von Hausarbeiten, Abschlussarbeiten, wissenschaftlichen Aufsätzen, Dissertationen und Fachbüchern.

Besuchen Sie uns im Internet:

http://www.grin.com/

http://www.facebook.com/grincom

http://www.twitter.com/grin_com

Gesamtschule Hennef

Facharbeit im Leistungskurs Mathematik
Jahrgangsstufe 12
2007/2008

Enigma; Mechanische und Mathematische Funktionsweise der bekanntesten Verschlüsselungsmaschine des 2. Weltkrieges

Johannes Held

Abgabetermin: 08.05.2008

Inhaltsverzeichnis:

1. Einleitung

Seit es Verschriftlichungen gibt, ist immer wieder der Wunsch der Menschen nach einer „Geheimen Schrift" erkennbar gewesen.

Diesem Wunsch kam vor 90 Jahren der Wissenschaftler Scherbius mit dem Bau der Verschlüsselungsmaschine Enigma nach. Für mich ist die Erfindung dieser Maschine sehr faszinierend, besonders im Hinblick auf bestimmte Fragestellungen:

Aus welchen Gründen musste die Enigma überhaupt gebaut werden?

Gab es vor der Enigma noch keine anderen Verschlüsselungssysteme?

Warum konnte die Enigma „geknackt" werden, wo sie doch als die sicherste Verschlüsselungsmaschine galt?

In meiner Facharbeit werde ich versuchen, diesen Fragestellungen nachzugehen. Dazu ist es unabdingbare Voraussetzung, sich über ihre Funktionsweise sowie ihre mathematischen Eigenschaften zu informieren.

Darüber hinaus hat es mich gereizt, parallel zu meiner Arbeit ein Modell dieser Maschine nachzubauen.

2. Warum wurde die Enigma gebaut?

2.1 Geschichte

Kurz nach dem 1. Weltkrieg hat man gemerkt, dass die damaligen Verschlüsselungssysteme viel zu unsicher wurden. Deshalb suchten gleich vier Erfinder nach einem neuen System. Fast gleichzeitig stießen sie durch neue Technologien beim Bau von Schreibmaschinen und Fernschreibern auf das dort benutzte Rotor-Prinzip. Doch der deutsche Elektroingenieur Arthur Scherbius [1878-1929] schaffte es als einziger mit dem Rotor- Prinzip eine Verschlüsselungsmaschine zu bauen, die er Enigma nannte. Der Begriff Enigma stammt aus dem Griechischen und bedeutet Rätsel. Nachdem Scherbius seine nahezu unknackbare Chiffriermaschine am 23. Februar 1918 patentieren ließ, produzierte er noch mehr solcher Modelle um sie an Privatleute zu verkaufen und sie bei Messen auszustellen. Doch Ende der 1920er Jahre fanden unter anderem auch das Militär, die Polizei und der Geheimdienst Interesse an der Enigma und Scherbius produzierte ab dem Zeitpunkt ausschließlich für den Staat. Nachdem Scherbius 1929 starb, erbten Rudolf Heimsoeth und Elsbeth Rinke fünf Jahre nach seinem Tod die Firma in Berlin und übernahmen die Leitung. Schätzungen zufolge wurden während des 2. Weltkrieges zwischen 30.000 und 200.000 Maschinen vom Typ Enigma gebaut. Somit war sie die am häufigsten verwendete Chiffriermaschine im 2. Weltkrieg (Wikipedia, Enigma (Maschine), Geschichte).

2.2 Notwendigkeit der Erfindung und Gefahren eines älteren Verschlüsselungsverfahren

Am Beispiel der Verschlüsselung mit dem Vigenere Quadrat möchte ich im Folgenden zeigen, warum ältere Verschlüsselungsverfahren relativ unsicher waren. Bei dem Vigenere Quadrat handelt es sich auch um ein Verschlüsselungs-verfahren von Nachrichten.

Hier wird einer Textnachricht, zum Beispiel: *die fahrt ist diese Woche* [siehe Nr.1 im Anhang] ein Schlüssel zugeordnet, der insgesamt die gleiche Anzahl Buchstaben aufweist.

Bei mehreren Nachrichten pro Woche und an verschiedene Adressaten mussten sämtliche Nachrichtenschlüssel notiert und an alle Empfänger geleitet werden. Die Schlüssel wurden mit einer Reihenfolge versehen, so dass ersichtlich war, welcher Schlüssel welche Nachricht verschlüsselt hatte und genauso entschlüsseln konnte.

Zur Ver- und Entschlüsselung bediente man sich des Vigenere Quadrates [siehe Nr.2 im Anhang] wie folgt: In der ersten Zeile sowie in der ersten Spalte ist jeweils das Alphabet von A – Z aufgelistet. Das Alphabet der ersten Zeile gibt die Buchstaben für die Nachricht, das Alphabet der ersten Spalte diejenigen für den Schlüssel an. Man findet den ersten Buchstaben der Nachricht, das *d* an vierter Stelle des Alphabets der ersten Zeile und den ersten Buchstaben des Schlüssels, das N, an 13. Stelle der ersten Spalte. Geht man nun von *d* aus senkrecht nach unten und von N aus waagerecht nach rechts, so trifft man am Kreuzungspunkt auf ein Q und somit auf den ersten Buchstaben des Geheimtextes. Mit den weiteren Buchstaben wird entsprechend verfahren.

Das Problem dieser Verschlüsselungsmethode war, dass ständig neue Schlüssel geschrieben werden mussten. Bei mehreren Nachrichten täglich bedeutete dies ständig neue und zum Teil sehr lange Schlüssel in Anpassung an die Länge der Nachrichten. Die täglich notwendigen Übermittlungen der Schlüssel bargen die ständige Gefahr, in falsche Hände zu gelangen. Feindliche Kryptographen konnten immer häufiger Nachrichten entschlüsseln, sobald für sie klar wurde, dass der Schlüssel aus aneinander gereihten Worten bestand. Durch den Vergleich von sich wiederholenden Teilstücken in den Nachrichten wurden sie immer erfolgreicher.

Als Reaktion darauf wurden immer häufiger Schlüsselwörter genutzt, die keinen Sinn ergaben, also eine zufällige Aneinanderreihung von Buchstaben. Doch auch die konnten immer häufiger geknackt werden, da die Schreiber der Schlüssel in bestimmte Schemata verfielen.

Aus diesen Gründen drängte es eine Maschine zu bauen, die einen Schlüssel aus wirklich zufällig aneinander gereihten Buchstaben produziert, um die Geheimhaltung zu garantieren (Singh, Geheime Botschaften, S. 148-155).

3. Funktion

3.1 Aufbau und Prinzip

Die Enigma sieht auf den ersten Blick eher aus wie eine Schreibmaschine. Sie besteht aus einer Tastatur, einem Walzensatz von 3 austauschbaren Walzen und einer austauschbaren Umkehrwalze, einem Lampenfeld und einem Steckbrett [siehe Nr.3 im Anhang]. Die Walzen sind wesentlich für die Verschlüsselung verantwortlich.

An jeder der 3 Walzen befinden sich auf beiden Seiten stellvertretend für die 26 Buchstaben des Alphabets 26 Kontakte, durch die Strom fließen kann [siehe Nr.4 Anhang]. Im Inneren jeder Walze gibt es von jedem Buchstaben der einen Walzenseite jeweils eine elektrische Kabelverbindung zu einem Buchstaben der anderen Walzenseite, so dass sich 26 „Paarungen" ergeben. Zwischen zwei Walzen wird durch Drahtkontakte der Stromfluss an allen 26 Buchstabenkontakten theoretisch ermöglicht. Wenn man nun eine der Tasten drückt, wird der mit einer Batterie betriebene Stromkreislauf geschlossen. Der Strom fließt über die Kontakte durch die drei Walzen in die Umkehrwalze und von dort wieder durch die drei Walzen über einen anderen Weg zurück. Am Ende leuchtet nun eins der 26 Lichter stellvertretend für einen der 26 Buchstaben auf. Dieser Buchstabe ist der verschlüsselte Buchstabe. Um wieder den Klartext bzw. Klarbuchstaben zu finden, gibt man den verschlüsselten Buchstaben an der Tastatur ein. Der jetzt aufleuchtende „Buchstabe" ist der Klarbuchstabe. Dieser leichte Weg des Ver- und Entschlüsselns mit einer Maschine ist nur durch die Umkehrwalze möglich, da durch sie der Strom wieder zurückgeschickt wird.

Um eine kompliziertere Verschlüsselung zu erreichen, war es wichtig, den gleichen Buchstaben an verschiedenen Textstellen unterschiedlich zu verschlüsseln. Dazu erhielten die Walzen so genannte Übertragungskerben und konnten damit ähnlich wie ein Tachometer oder ein Uhrwerk funktionieren. Mit jedem Buchstaben, der gedrückt wird, dreht sich Walze 1 einen Schritt entsprechend einer Kerbe weiter. Nach 26 Kerben hat sie eine

Volldrehung gemacht und bewegt die Walze 2 nun um eine Kerbe bzw. Schritt weiter. 676 Schritte [26 X 26] ergeben somit eine Volldrehung von Walze 2. Bei Volldrehung der zweiten Walze wird die dritte um einen Schritt bzw. Kerbe bewegt.

Durch dieses Schema ist es möglich das ein A in 25 andere Buchstaben verschlüsselt werden kann, nur nicht in sich selbst, aber in jedem Fall wieder richtig entschlüsselt werden kann.

Damit man jedoch eine Nachricht wieder entschlüsseln kann muss die Walzenstellung zu Beginn des Entschlüsselungsverfahrens identisch sein mit der des Verschlüsselungsverfahrens. Dafür befindet sich oben auf der Enigma für jede der drei Walzen ein Rad, mit dem man jede Walze genau in die passende Position stellen kann, in der man sie braucht. Durch das Einstellen der Räder stellt man im Prinzip den Schlüssel für die Nachricht ein.

Außerdem verfügt die Enigma über ein Steckbrett, das zwischen den Walzen und der Tastatur bzw. den Lampen angeschlossen wird. Hier werden die Buchstaben zusätzlich durch elektrische Verbindungen in andere Buchstaben vertauscht, bevor sie als Stromsignal an die Walzen fließen. Durch das Steckbrett werden also noch zusätzliche Verschlüsselungen möglich (Wikipedia, Enigma (Maschine), Prinzip/Aufbau/Funktion).

4. Mathematische Eigenschaften

4.1 Berechnung des Schlüsselraums

Der Schlüsselraum gibt an, wie hoch die maximale Anzahl der Verschlüsselungsmöglichkeiten einer Nachricht ist.

Im Folgenden möchte ich rechnerisch belegen wie viele Schlüssel die Enigma produzieren kann, vorausgesetzt, dass es am Steckbrett 10 Steckverbindungen zwischen je zwei Buchstaben gibt, denn das entspricht der seit 1939 festgelegten Anzahl.

Um die maximale Anzahl aller Schlüssel herauszufinden muss man sich vier Faktoren genauer ansehen, nämlich die Walzenlage, die Ringstellung, die Grundstellung und zum Schluss den wichtigsten, nämlich die Steckverbindungen.

Zunächst rechnet man alle möglichen Walzenlagen aus. Dafür muss man wissen, dass es 5 mögliche Walzen und 2 mögliche Umkehrwalzen gibt. Doch da die Enigma mit nur drei normalen und nur einer Umkehrwalze betrieben wird, lautet die Rechnung folgendermaßen: $(5 \cdot 4 \cdot 3) \cdot 2 = 120$ Erklärung: Es gibt 5 mögliche Walzen. Wenn man nun die erste Walze einsetzten will, hat man dafür 5 verschiedene Walzen zur Auswahl. Wenn man nun die nächste Walze einsetzt, bleiben dafür noch 4 freie Walzen als potenzielle Walzen übrig. Und um die letzte Walze einzusetzen sind noch 3 verschiedene Walzen möglich. Es ergeben sich also $5 \cdot 4 \cdot 3$ mögliche Verknüpfungen. Da außerdem noch zwei Umkehrwalzen zu Verfügung stehen, die untereinander austauschbar sind, wird das Produkt mit 2 multipliziert. Dadurch ergeben sich $(5 \times 4 \times 3) \times 2 = 120$ verschiedene Walzenlagen.

Zur Berechnung der Ringstellungen lässt sich folgendes sagen. Man muss wissen, dass jede der drei Walzen 26 verschiedene Ringstellungen, stellvertretend für die 26 Buchstaben des Alphabetes haben. Doch es werden nur die Ringe der mittleren und der rechten Walze beachtet. Das hängt damit zusammen, dass die linke Walze keine weitere Walze mit der Übertragungskerbe weiterdreht. Deshalb ist sie aus kryptographischer Sicht nicht wichtig. Die Umkehrwalze wird nicht beachtet, da sie keinen Ring hat. Um alle möglichen Ringstellungen zu berechnen muss man die 26 Möglichkeiten pro Ring mit 2 quadrieren, da es 2 Ringe mit 26 Möglichkeiten gibt. Als Ergebnis erhält man dann 676 Möglichkeiten.

Nun werden alle möglichen Grundstellungen berechnen. Ihre Berechnung ähnelt der der Ringstellung sehr, nur dass nun alle 3 Walzen in die Berechnung miteinbezogen werden, da man auch die Grundstellung der linken Walze verändern kann. Auch jetzt wird die Umkehrwalze nicht beachtet, da man ihre Grundstellung nicht verändern kann. Wenn man nun wieder von 26 Stellen für 26 Buchstaben ausgeht, ergibt sich folgende Rechnung: $26^3 = 17.576$ Die 26 wird mit 3 potenziert, da es 3 Walzen gibt.

Zum Schluss wird noch die Anzahl an Möglichkeiten berechnet, die sich aus den Steckverbindungen ergeben. Wie im Kapitel 3.1. dargelegt, werden im Steckbrett nur 10 von 13 möglichen Verbindungen genutzt. Um die gesamte Anzahl zu berechnen, muss man nun die Gaußsche Summenformel heranziehen: $\dfrac{26!}{2^n \cdot n! \cdot (26 - 2n)!}$. Dabei steht ! für Fakultät. Um Fakultät auszurechnen muss man alle Zahlen von 1 bis zu der Zahl vor ! miteinander multiplizieren. Beispiel: $4! = 1 \cdot 2 \cdot 3 \cdot 4 = 24$.

Für n setze ich 10 ein, da es 10 Steckverbindungen gibt. Die Berechnung nach der Gaußschen Summenformel ergibt die Zahl 150.738.274.937.250, also etwas mehr als 150 Billionen Möglichkeiten. Um jetzt das endgültige Ergebnis zu erhalten, muss man die Ergebnisse aus den 4 Faktoren miteinander multiplizieren. Dass heißt:

$120 \cdot 676 \cdot 17.576 \cdot 150.738.274.937.250 =$

214.917.374.654.501.238.720.000.

[Walzenlage x Ringstellung x Grundstellung x Steckbrett = ...]

Das entspricht ungefähr $2 \cdot 10^{23}$ möglichen Schlüsseln für eine Nachricht (Wikipedia, Enigma (Maschine), Schlüsselraum).

4.2 Schwächen und Verbesserungsmöglichkeiten der Enigma

Als Scherbius die Enigma erfand, dachte er, er hätte eine einfach zu be-
dienende Chiffriermaschine gebaut, die sich außerdem als sehr sicher er-
weisen würde. Durch die Umkehrwalze war sie tatsächlich sehr einfach zu
bedienen, doch seine Hoffnungen bezüglich der Sicherheit erwiesen sich
als falsch.

Die Entwicklung der Umkehrwalze beeinträchtigte die Vielfalt an Schlüsseln vor allem auch dadurch, dass sich ein Buchstabe nicht mehr in sich
selbst verschlüsseln lässt. Im Folgenden sieht man wie man aus vier
Buchstaben alle möglichen Verschlüsselungen für die Enigma bilden
kann:

Wenn man die Buchstaben A, B, C und D wählt, so lassen sich daraus
insgesamt 24 Alphabete, also Verschlüsselungen, bilden:
*ABCD, AB*DC, *A*CB*D, A*CDB, *A*DBC, *A*DC*B*, BA*CD*, BADC, BCA*D*,
BCDA, BDAC, BD*C*A, CAB*D*, CADB, C*BA*D, C*B*DA, CDAB, CDBA, DABC,
DA*C*B, D*B*AC, D*B*CA, DCAB, DCBA. Da sich mit der Enigma aber kein
Buchstabe in sich selbst verschlüsseln lässt, muss man nun jedes 4-er
Alphabet mit den Klarbuchstaben ABCD vergleichen. Sollte bei irgendei-
ner Kombination eine Übereinstimmung der Buchstaben – Buchstabe und
dazugehörende Verschlüsse-lung – an der gleichen Stelle zu finden sein,
bedeutet dies, dass eine Verschlüsselung des Buchstabens in sich selbst
vorliegt [im Beispiel am kursiven Schriftzug erkennbar] und die Kombination zu streichen ist. Wenn man die Kombination BACD zum Beispiel mit
ABCD vergleicht, fällt auf, dass die Buchstaben C und D jeweils an der
gleichen Position stehen.

Wenn man sich nun nur noch auf die fixpunktfreien Permutationen [so
werden die Alphabete genannt, in denen keine in sich selbst verschlüsselten Buchstaben vorliegen] beschränkt, dann bleiben noch folgende 9 Alphabete: BADC, BCDA, BDAC, CADB, CDAB, CDBA, DABC, DCAB,
DCBA. Wenn man nun die Alphabete beachtet, deren nicht involutori-
schen Permutationen, also die sich nicht umkehrenden Permutationen,
durch die Umkehrwalze „eliminiert" werden, bleiben noch 3 Alphabete.

Wäre zum Beispiel der Klartext ABCD in BCDA verschlüsselt, so würde aus A der Schlüsselbuchstabe B, aus B jedoch der Schlüsselbuchstabe C entstehen und nicht wieder A. Das heißt es müssen immer 2 Buchstaben mit einander „verknüpft" sein, damit es diesen Schlüssel geben kann. Das hat mit der Umkehrwalze zu tun, da durch sie automatisch ein Kreislauf zwischen 2 Buchstaben entsteht.

Die Verschlüsselung des Alphabetes „ABCD" in „DCBA" wäre hingegen möglich, da A in D verschlüsselt und auch D in A verschlüsselt wird. Außerdem lässt sich B in C verschlüsseln und umgekehrt. Die drei möglichen Schlüssel aus anfangs 24 angenommenen Alphabeten lauten also BADC, CDAB und DCBA (Kippenhahn, Verschlüsselte Botschaften - Geheimschrift, Enigma und Chipkarte, S.207-209).

Das hat bei der Enigma letzten Endes zur Folge, dass von eigentlich möglichen $4 \cdot 10^{26}$ Alphabeten, durch die Umkehrwalze nur $8 \cdot 10^{12}$ Alphabete genutzt werden können.

Doch es hätte verschiedene Möglichkeiten gegeben die Enigma wirklich sicherer zu bauen. Eine Möglichkeit wäre - wie man sich denken kann - einfach die Umkehrwalze wegzulassen, um die Verschlüsselung von Buchstaben in sich selbst zuzulassen. Anstelle der Umkehrwalze hätte man einfach mehr Walzen einbauen können.

Man könnte nun meinen, dass dadurch eine Entschlüsselung nicht mehr möglich sei oder dass ein Zweitgerät nötig würde. Doch andere Systeme, wie zum Beispiel ein Hebel, der je nach Position die Ver- oder Entschlüsselung regelt, waren bereits entwickelt und hätten diese Funktion ersetzen können. Eine andere Möglichkeit wäre die Walzen regelmäßig gegen komplett neue Walzen mit einer neuen Verdrahtung auszuwechseln. Eine Alternative dazu wäre auch Walzen zu bauen, deren Verdrahtung geändert werden kann. Man hätte auch mehr Übertragungskerben in unregelmäßigen Abständen an den Ringen anbringen können. Damit wäre ein weiteres Hindernis eingebaut worden, um ein „Knacken" der Nachrichten unmöglich zu machen. Mit dem gleichen Effekt hätte man auch über das Getriebe einstellen können, in welchem Abstand die Walzen sich weiterbewegen sollen.

Teilweise hatte Scherbius einige dieser Ideen sogar patentieren lassen, aber aus ungeklärten Gründen nicht mit in die Enigma eingebaut (Wikipedia, Enigma (Maschine), Verbesserungspotenzial).

4.3 Gründe für das Knacken der Enigma

Der polnische Mathematiker Marian Rejewski war wesentlich daran beteiligt, die Enigma zu knacken.

Vorher gelangten allerdings geheime Informationen über die Funktionsweise der Enigma durch einen Mitarbeiter der Chiffrierstelle in Berlin an den Französischen Geheimdienst. Zwar genügten die Informationen und Fotos, um die Enigma nachzubauen, doch brauchte man die Tagesschlüssel, um eine Nachricht zu entschlüsseln.

Frankreich kooperierte mit Polen und der ehemals deutsche Staatsbürger Rejewski, ein erfolgreicher Mathematiker, wurde beauftragt, das Geheimnis der Enigma herauszufinden.

Rejewski wusste, dass es jeden Tag einen anderen Tagesschlüssel gab. Mit dem Tagesschlüssel wurde für jede Nachricht der Spruchschlüssel verschlüsselt. Dieser verschlüsselte Spruchschlüssel wurde vor jede Nachricht aus Sicherheitsgründen zweimal hintereinander geschrieben. Wenn zum Beispiel der Spruchschlüssel ULJ heißen sollte, dann wurde er zweimal hintereinander geschrieben, also ULJULJ. Und nun wurde er mit dem Tagesschlüssel verschlüsselt. Damit ergab sich zum Beispiel PEFNWZ als verschlüsselter Spruchschlüssel. Den konnte der Empfänger mit dem Tagesschlüssel wieder entschlüsseln und hatte dann den Schlüssel also die Kombination in die er seine Walzen der Enigma bringen musste um die Nachricht zu entschlüsseln. Da Rejewski wusste, dass der Spruchschlüssel zweimal hintereinander geschrieben wurde, ergab sich dementsprechend für ihn, dass der erste und der vierte Buchstabe des verschlüsselten Spruchschlüssels [PEFNWZ], Verschlüsselungen des Selben Klarbuchstaben, nämlich des U sein mussten. Genauso sind E und W Verschlüsselungen des Buchstaben L und der dritte und sechste Buchstabe, also F und Z sind Verschlüsselungen von J. Jetzt konnte Rejewski mit Hilfe zweier Maschinen namens Zyklometer und Bomba, die mehrere hintereinander geschaltete Enigmas verkörperten, mit seiner Arbeit fortfahren. Er musste nun ausprobieren, bei welcher Walzenstellung eine Zuordnung der Buchstabenpaare zu finden ist. Durch diese Methode konnte er den Suchraum des Schlüssels begrenzen. Zum Schluss analysierte er mit den übrig gebliebenen Möglichkeiten einige Spruchschlüssel und kam schließlich zu einem Ergebnis für die richtige Walzenstellung.

Rajewski brauchte ein Jahr um einen Katalog anzufertigen, in dem alle möglichen Grundstellungen zu jedem möglichen Spruchschlüssel zu finden waren. Dadurch hatte Polen nun die Möglichkeit alle Nachrichten der Deutschen mitzulesen (Singh, Geheime Botschaften, S. 179-193).

5. Nachbau der Enigma

5.1 Problematik bei einem Nachbau

Wenn man versucht eine Chiffriermaschine wie die Enigma nachzubauen gibt es verschieden kleinere und größere Probleme.

Zum einen muss man erst einmal einen Bauplan finden um sich vorstellen zu können wie die Enigma überhaupt funktioniert. Wenn man im nächsten Schritt versucht Sie zu bauen muss man ein mechanisches System entwickeln bei dem sich die erste Walze mit jedem drücken eines Buchstaben um einen Schritt weiter dreht. Außerdem ist es als Leihe schwierig Kontakte zwischen den Walzen herzustellen, mit dem man trotzdem die Walzen einzeln drehen kann. Dass heißt der Kontakt zwischen den Walzen darf nicht an beiden Enden mit den Walzen verlötet werden, sondern darf die Walze nur berühren. Die letzte Schwierigkeit ist, eine Walze zu entwickeln in der man insgesamt 52 Kontakte mit 26 Kabeln verbindet.

5.2 Nachbau in vereinfachter Form

Da ich mich trotz der oben geschilderten Probleme nicht vom Modellbau abhalten ließ, begab ich mich auf die Suche nach brauchbaren Informationen um das Modell einer Chiffriermaschine nach dem Prinzip der Enigma zu bauen. Mir wurde relativ schnell klar, dass es zu komplex wäre die Enigma im Original nachzubauen. Aus diesen Gründen entschloss ich mich dazu, das Modell mit nur 6 statt 26 Buchstaben zu bauen und das Schaltbrett wegzulassen.

Um genauere Vorstellungen über ihre Funktionsweise zu erhalten, sah ich mir ein Original der Enigma im Arithmeum in Bonn an und konnte im Gespräch mit einem Mitarbeiter der UNI Bonn dort meine offenen Fragen klären.

Ich sägte zunächst vier gleich große Walzen aus Holz. Im Unterschied zum Original befestigte ich die Verkabelung außen auf den Walzen und nicht im Innenraum. Die Walzen durchbohrte ich in der Mitte, damit sie sich auf einen Holzstab aufziehen ließen. Der Holzstab wurde in zwei Holzblöcke so eingelassen, dass die Walzen sich frei drehen ließen. Dann suchte ich mir im Internet den Schaltplan des Stromkreislaufes der Enigma heraus [siehe Nr.5 im Anhang], und übertrug ihn auf mein Modell, ließ allerdings das Steckbrett weg. Danach brachte ich neben jedem der 6 Schalter für insgesamt 6 Buchstaben für jeden Buchstaben eine Lampe an. Nun musste ich in den Kreislauf noch eine Batterie einbringen und das Modell war fertig [siehe Nr.6 im Anhang].

5.3 Funktion des Modells der Enigma

Um mein Modell bedienen zu können muss man nicht wie bei der richtigen Enigma eine Taste drücken, sondern man muss ein Kabel, welches mit dem Kreislauf der Lampen verbunden ist, lösen und kurz mit dem Kreislauf der Tasten in Verbindung bringen [siehe Nr.7 im Anhang]. Das hat den Grund da jeder Buchstabe mit seiner Lampe verbunden sein muss da er ja der verschlüsselte Buchstabe sein kann der aufleuchten muss wenn man einen andern Buchstaben verschlüsseln will. Da der Strom durch dasselbe Kabel fließt wenn ein Buchstabe gedrückt wird oder der Strom kommt damit eine Lampe aufleuchtet, muss man die Kabel nach diesem Prinzip bewegen. In der richtigen Enigma funktioniert das genauso, nur das dort ein bestimmter Schalter für jeden Buchstaben eingebaut wurde, durch den der Strom immer richtig geleitet wird.
Eine weitere Veränderung bei meinem Modell ist, dass man die Walzen nach jedem gedrückten Buchstaben selber drehen muss, da ich nicht wusste wie ich dies auf mechanische Weise hätte machen sollen. Außerdem gibt es kleine Kontaktprobleme zwischen den Walzen sobald sie gedreht werden. Deshalb muss man nachdem man eine Walze gedreht hat immer gucken ob die Walzen Kontakt haben [siehe Nr.8 im Anhang]. Ansonsten kann es passieren, dass keine Lampe aufleuchtet da der Stromkreislauf nicht geschlossen ist.

Trotz dieser Probleme und Veränderungen kann man mit diesem Modell sehr gut das Prinzip der Enigma darstellen.

6. Schluss

Ich hoffe, dass ich mit dieser Arbeit einen kleinen Einblick in die Krypto-
graphie und vor allem in die Funktionsweise der Enigma sowie die Not-
wendigkeit ihres Baus bringen konnte. Ich finde, dass das Zitat „Der
Drang, Geheimnisse aufzudecken, ist im Wesen des Menschen tief ein-
gewurzelt; schon die einfachste Neugier beruht ja auf der Aussicht, ein
Wissen zu teilen, das andere uns vorenthalten" (Singh, Geheime Botschaften, S. 6) des britischen Kryptologen John Chadwick, den letzten
und eigentlich wichtigsten Grund ihres Baus liefert. Denn ohne den Drang
des Menschen, Geheimnisse anderer zu erfahren, wäre es nicht nötig gewesen Chiffriermaschinen zu bauen oder auch heutzutage noch Daten zu
verschlüsseln.

8. Anhang

Nr.1:

Schlüssel	N O R W E G E N A E G Y P T E N M A L T A
Klartext	d i e f a h r t i s t d i e s e w o c he
Geheimtext	Q M V B E N V G I W Z B X X W R I O N A E

Nr.2:

Klar	a b c d e f g h i j k l m n o p q r s t u v w x y z
1	B C D E F G H I J K L M N O P Q R S T U V W X Y Z A
2	C D E F G H I J K L M N O P Q R S T U V W X Y Z A B
3	D E F G H I J K L M N O P Q R S T U V W X Y Z A B C
4	E F G H I J K L M N O P Q R S T U V W X Y Z A B C D
5	F G H I J K L M N O P Q R S T U V W X Y Z A B C D E
6	G H I J K L M N O P Q R S T U V W X Y Z A B C D E F
7	H I J K L M N O P Q R S T U V W X Y Z A B C D E F G
8	I J K L M N O P Q R S T U V W X Y Z A B C D E F G H
9	J K L M N O P Q R S T U V W X Y Z A B C D E F G H I
10	K L M N O P Q R S T U V W X Y Z A B C D E F G H I J
11	L M N O P Q R S T U V W X Y Z A B C D E F G H I J K
12	M N O P Q R S T U V W X Y Z A B C D E F G H I J K L
13	N O P Q R S T U V W X Y Z A B C D E F G H I J K L M
14	O P Q R S T U V W X Y Z A B C D E F G H I J K L M N
15	P Q R S T U V W X Y Z A B C D E F G H I J K L M N O
16	Q R S T U V W X Y Z A B C D E F G H I J K L M N O P
17	R S T U V W X Y Z A B C D E F G H I J K L M N O P Q
18	S T U V W X Y Z A B C D E F G H I J K L M N O P Q R
19	T U V W X Y Z A B C D E F G H I J K L M N O P Q R S
20	U V W X Y Z A B C D E F G H I J K L M N O P Q R S T
21	V W X Y Z A B C D E F G H I J K L M N O P Q R S T U
22	W X Y Z A B C D E F G H I J K L M N O P Q R S T U V
23	X Y Z A B C D E F G H I J K L M N O P Q R S T U V W
24	Y Z A B C D E F G H I J K L M N O P Q R S T U V W X
25	Z A B C D E F G H I J K L M N O P Q R S T U V W X Y
26	A B C D E F G H I J K L M N O P Q R S T U V W X Y Z

Singh, Geheime Botschaften, S.149

Nr.3:

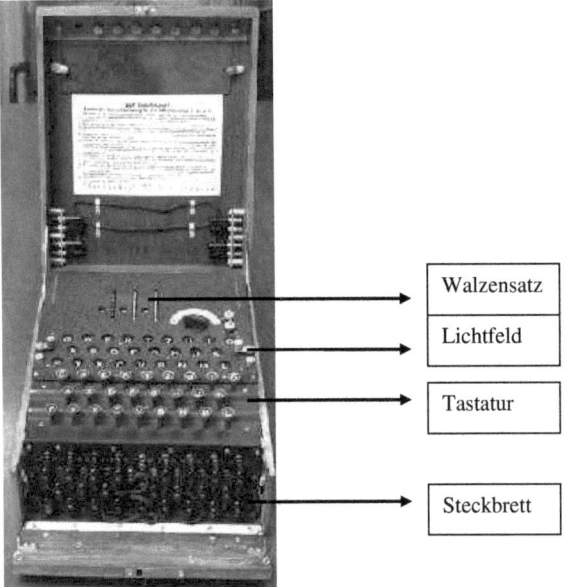

Walzensatz

Lichtfeld

Tastatur

Steckbrett

http://www.pohlig.de/Unterricht/Inf2004/Kap21/Bilder/enigma.jpg

Nr.4:

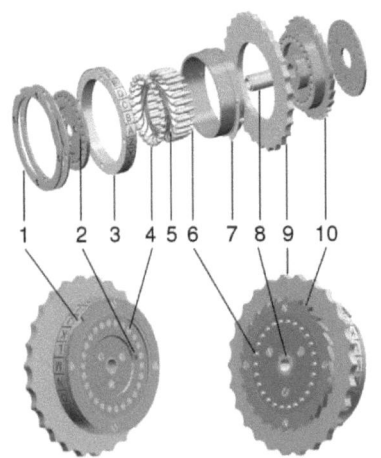

1: Ring mit Übertragskerben
4: Kontaktplatten
5: Verbindungsdrähte
6: gefederte Kontaktstifte
9: Handrändel (um die Walze in
die richtige Position zu drehen)

http://de.wikipedia.org/wiki/Bild:Enigma_rotor_exploded_view.png

Nr.5:

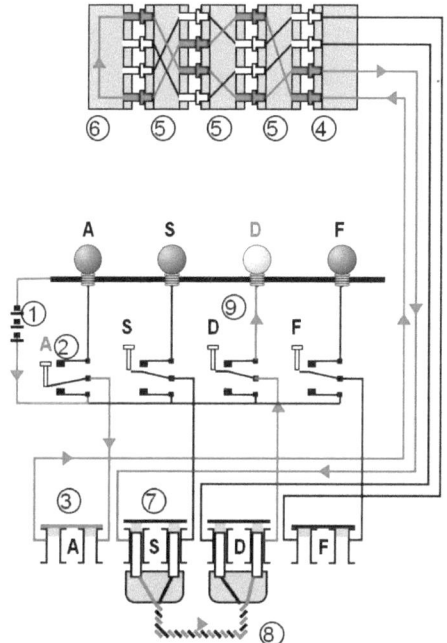

http://de.wikipedia.org/wiki/Bild:Enigma_wiring_kleur.svg

Nr.6:

Nr.7:

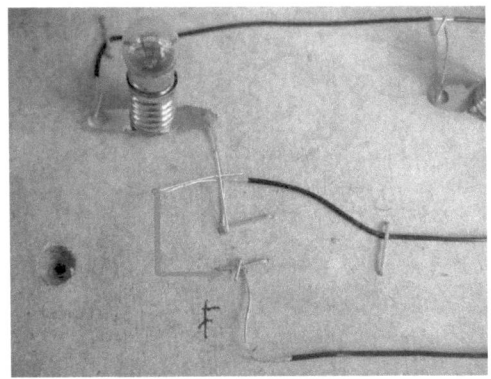

Nr.8:

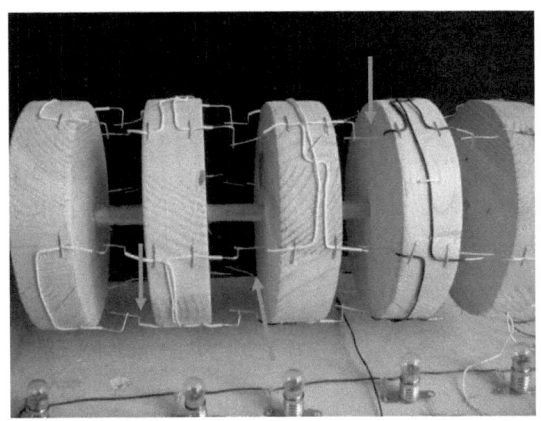

23

8. Quellenverzeichnis

Singh, Simon: Geheime Botschaften, München 2001

Kippenhahn, Rudolf: Verschlüsselte Botschaften - Geheimschrift, Enigma
und Chipkarte, Reinbek 1999

Mechler, Ulli: persönliche Mitteilung, 19.03.2008

Wikipedia: Enigma (Maschine).
http://de.wikipedia.org/wiki/Enigma_(Maschine) (Stand: 24.03.2008)

Cornel, Daniel: Die Mechanisierung der Verschlüsslung.
http://www.supremer.de/mechanisierung.pdf (Stand: 24.03.2008)

Google Bildersuche:
http://www.pohlig.de/Unterricht/Inf2004/Kap21/Bilder/enigma.jpg
(Stand: 20.04.2008)

Google Bildersuche:
http://de.wikipedia.org/wiki/Bild:Enigma_wiring_kleur.svg
(Stand 20.04.2008)

Google Bildersuche:
http://de.wikipedia.org/wiki/Bild:Enigma_rotor_exploded_view.png
(Stand: 20.04.2008)